Male für jede Seite, die du bearbeitet hast, einen Stern aus!

Viel Freude!

4 5 6

7 8 9 10 11

12 13 14 15 16 17

18 19 20 21 22

23 24 25 26 27 28

29 30 31 32 33

34 35 36 37 38 39

40 41 42 43 44

45 46 47 48 49 50

51 52 53 54

Die Zahlen von 0 – 10

3

4

6

2

0

5

9

7

2

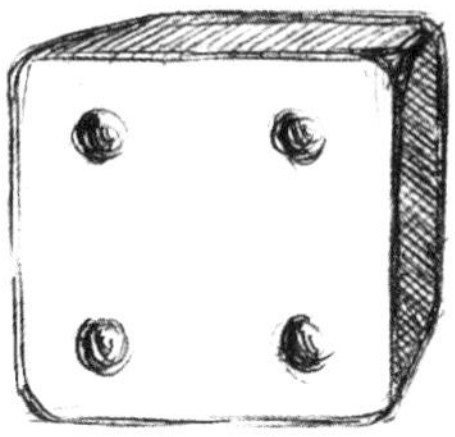

4

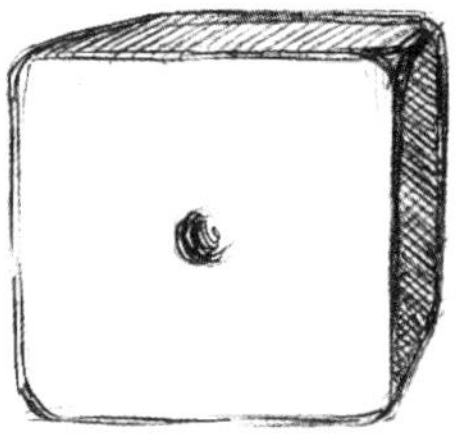

6

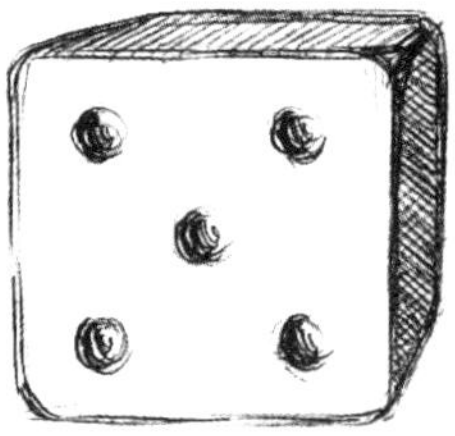

3

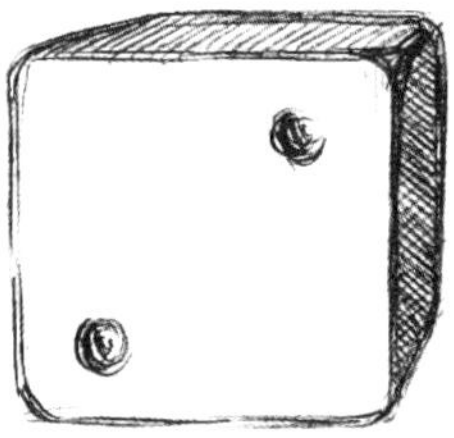

1

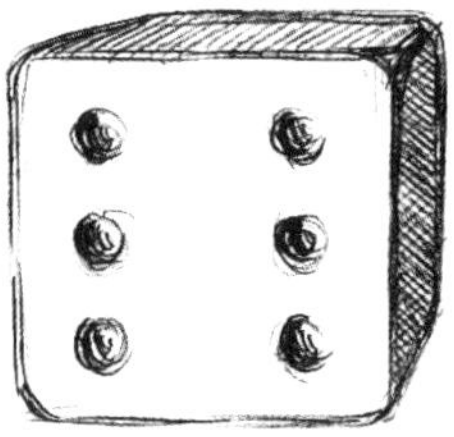

5

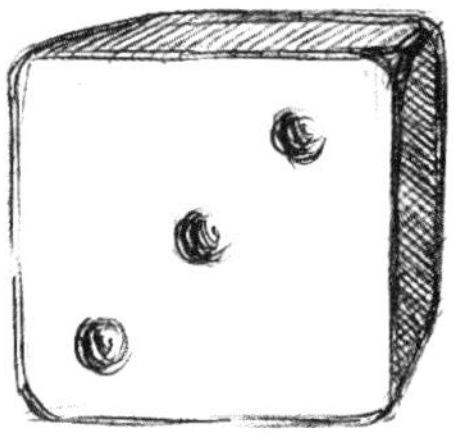

Zuordnung

Erst hinaufgeklettert – dann hinuntergefallen!

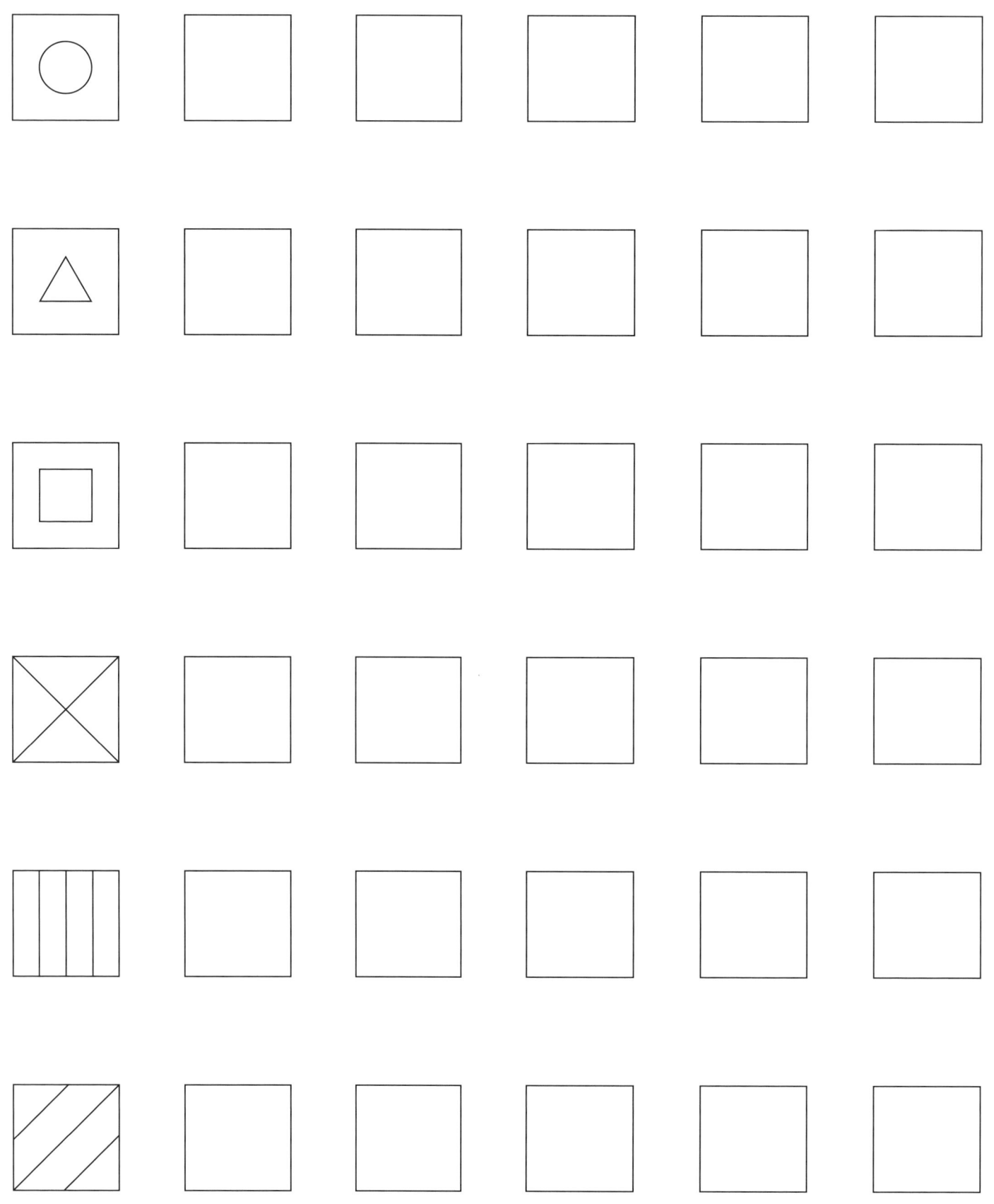

Formen/Muster zeichnen

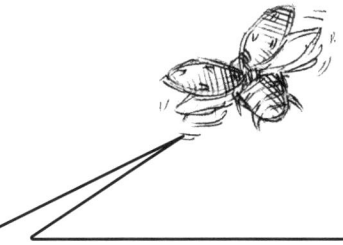

Von oben im Bogen kommt sie
gezogen – und dann nach rechts!

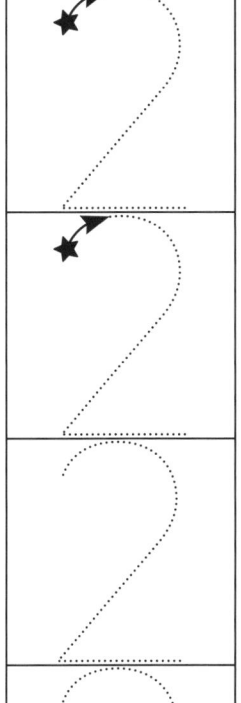

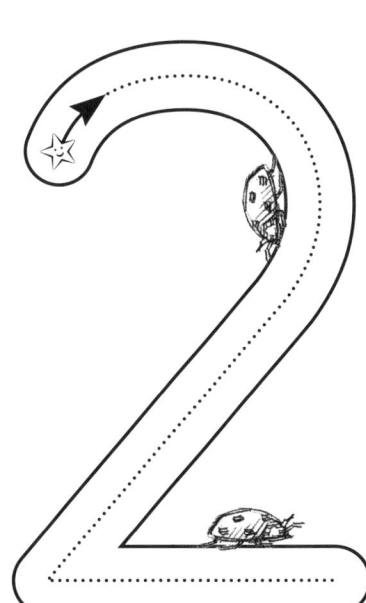

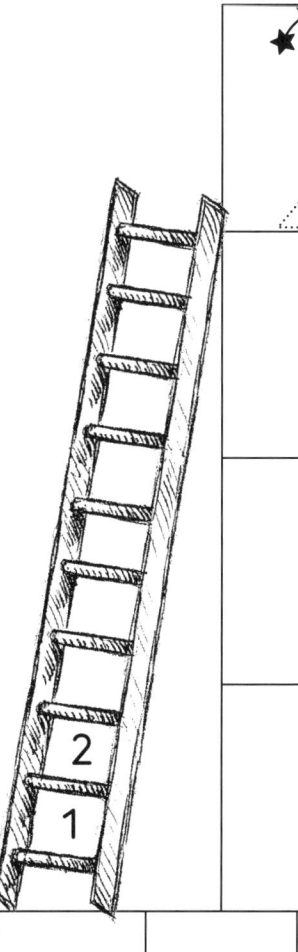

Ziffernschreibkurs der 2

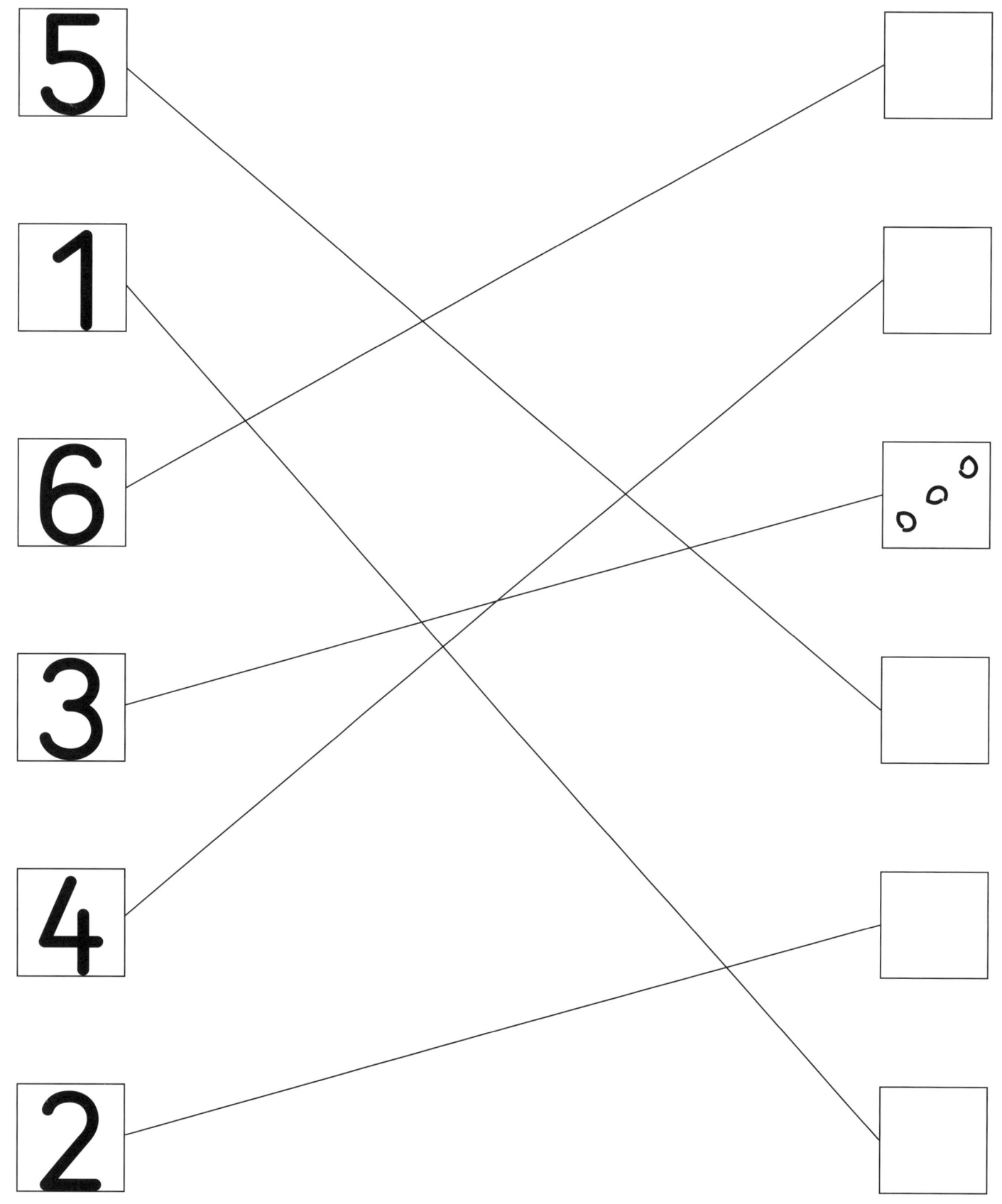

Zuordnung

Zwei Hälften vom Ei,
das wird die Drei!

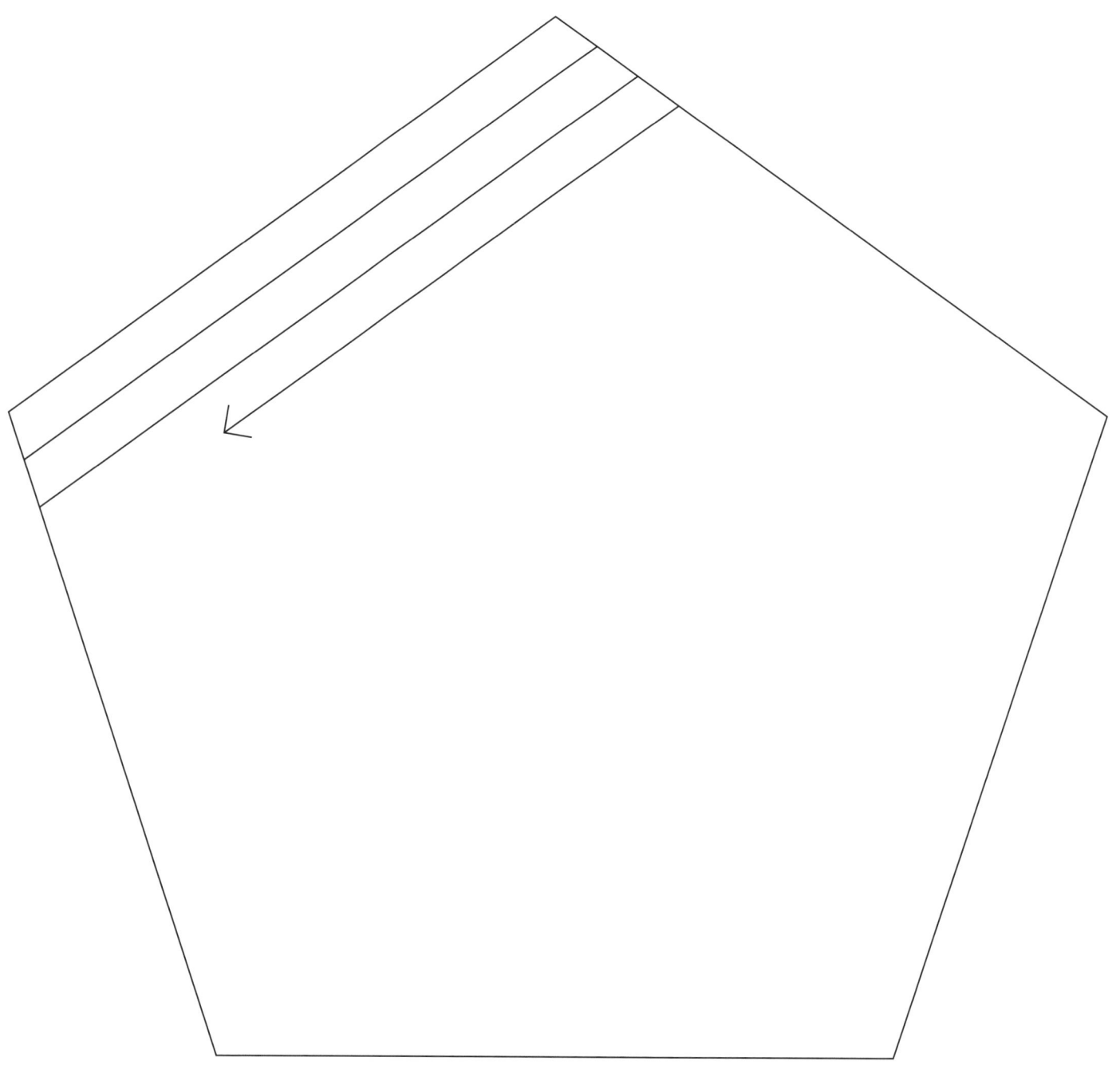

Zeichne weiter ohne Lineal!

Links – Rechts – Runter!

Ziffernschreibkurs der 4

Die Zahlen von 0–10

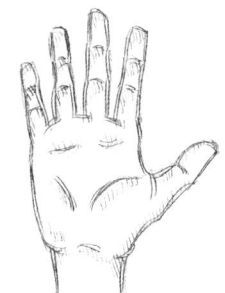

Einen Hals, einen dicken Bauch und eine Cap oben drauf!

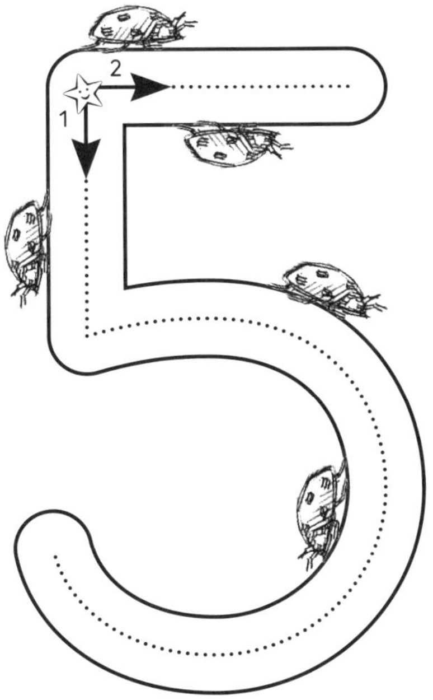

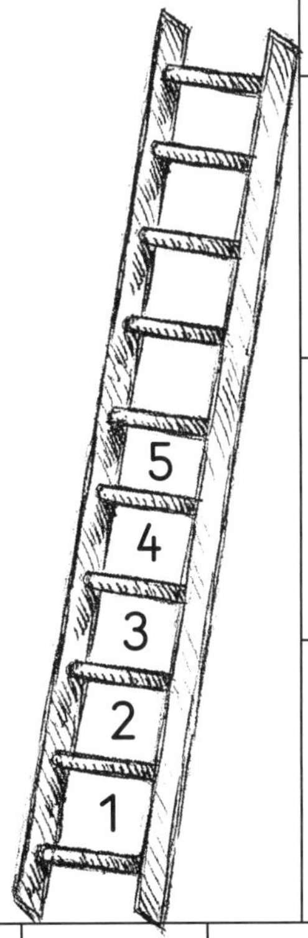

5 5 5 5

5 5 5 5 5

5 5 5 5 5 5 5 5 5 5 5

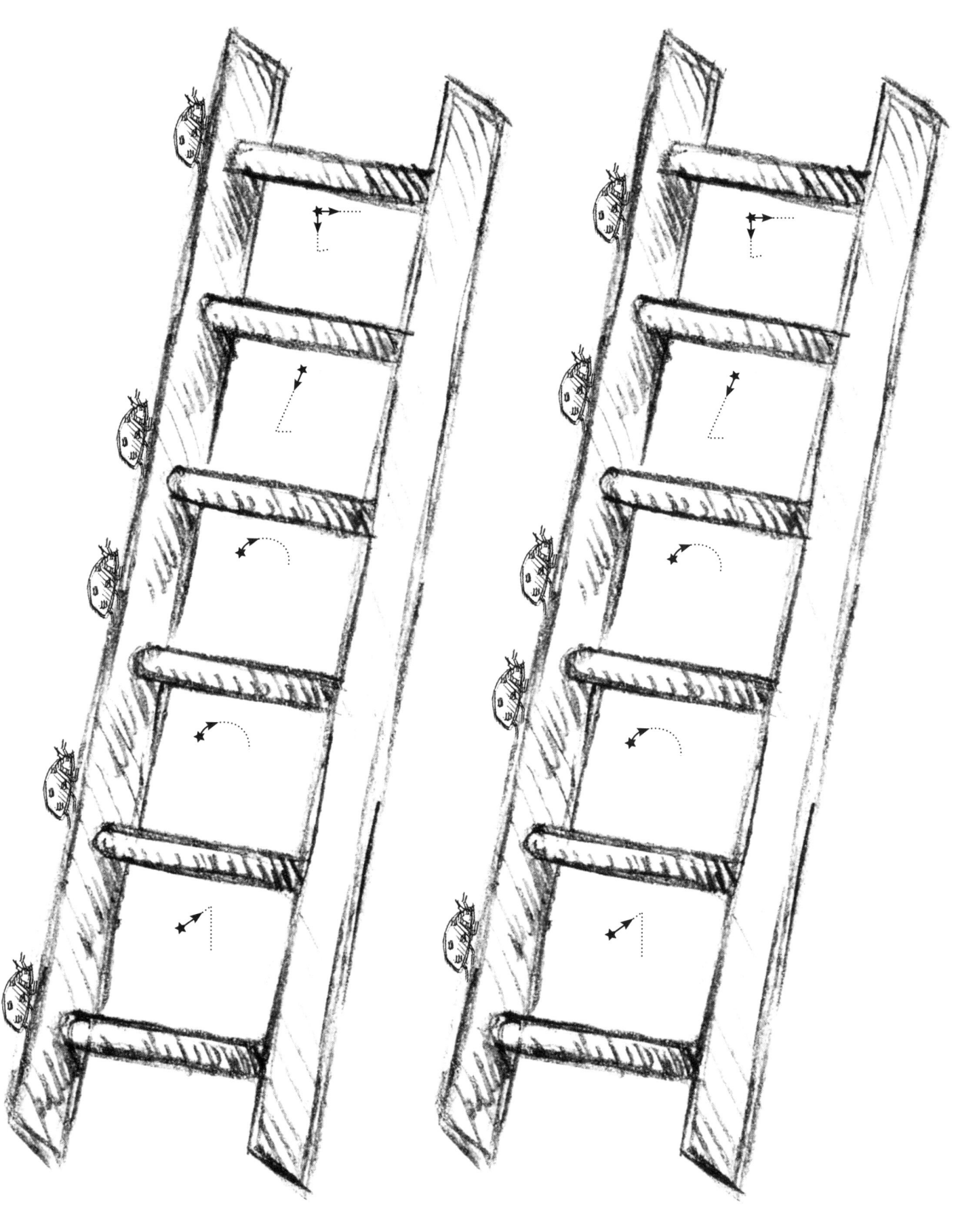

Die Zahlen von 1–5

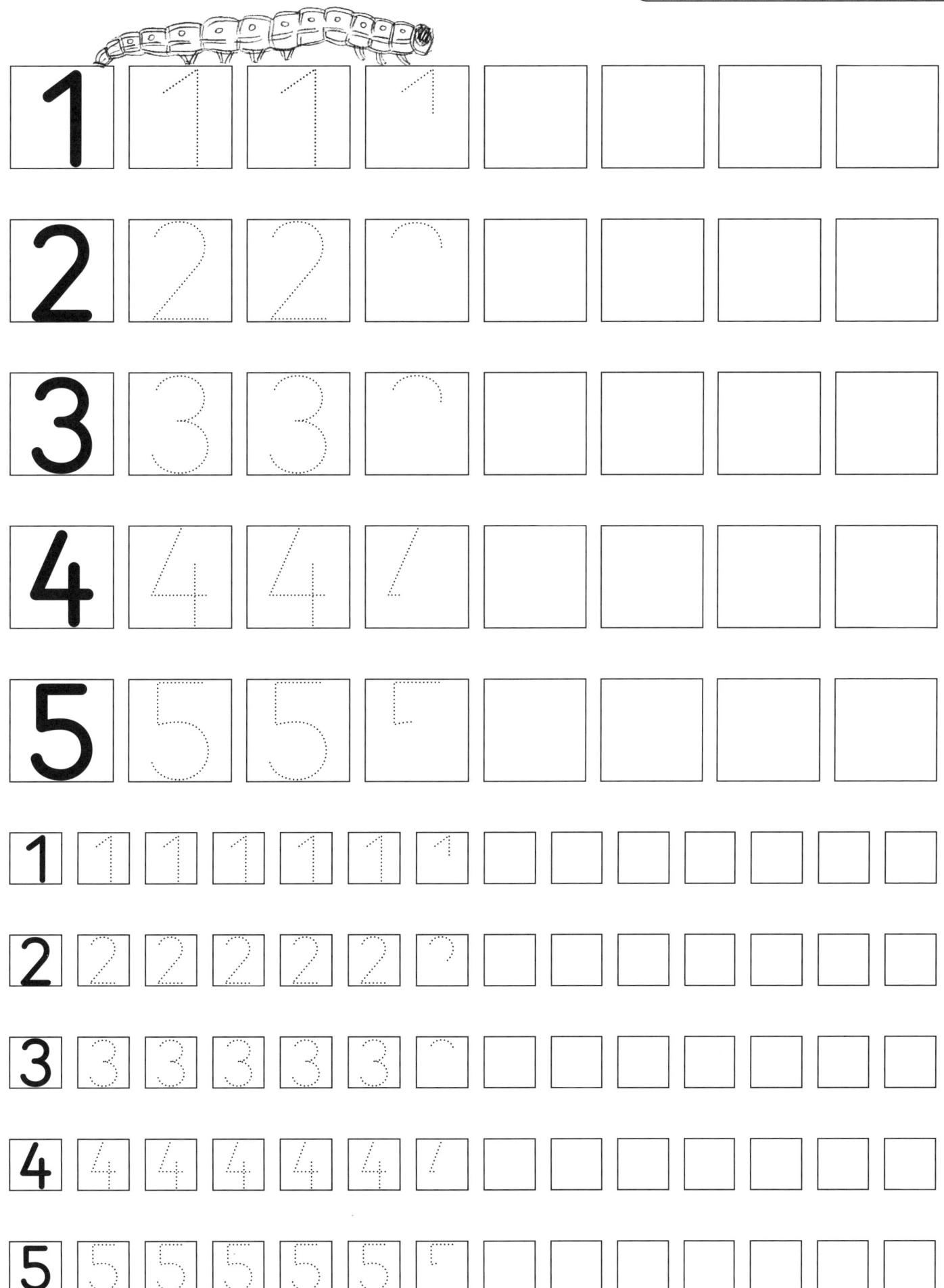

Hex', hex', hex'
und der Faden
wird zur Sechs!

Ziffernschreibkurs der 6 © sternchenverlag GmbH

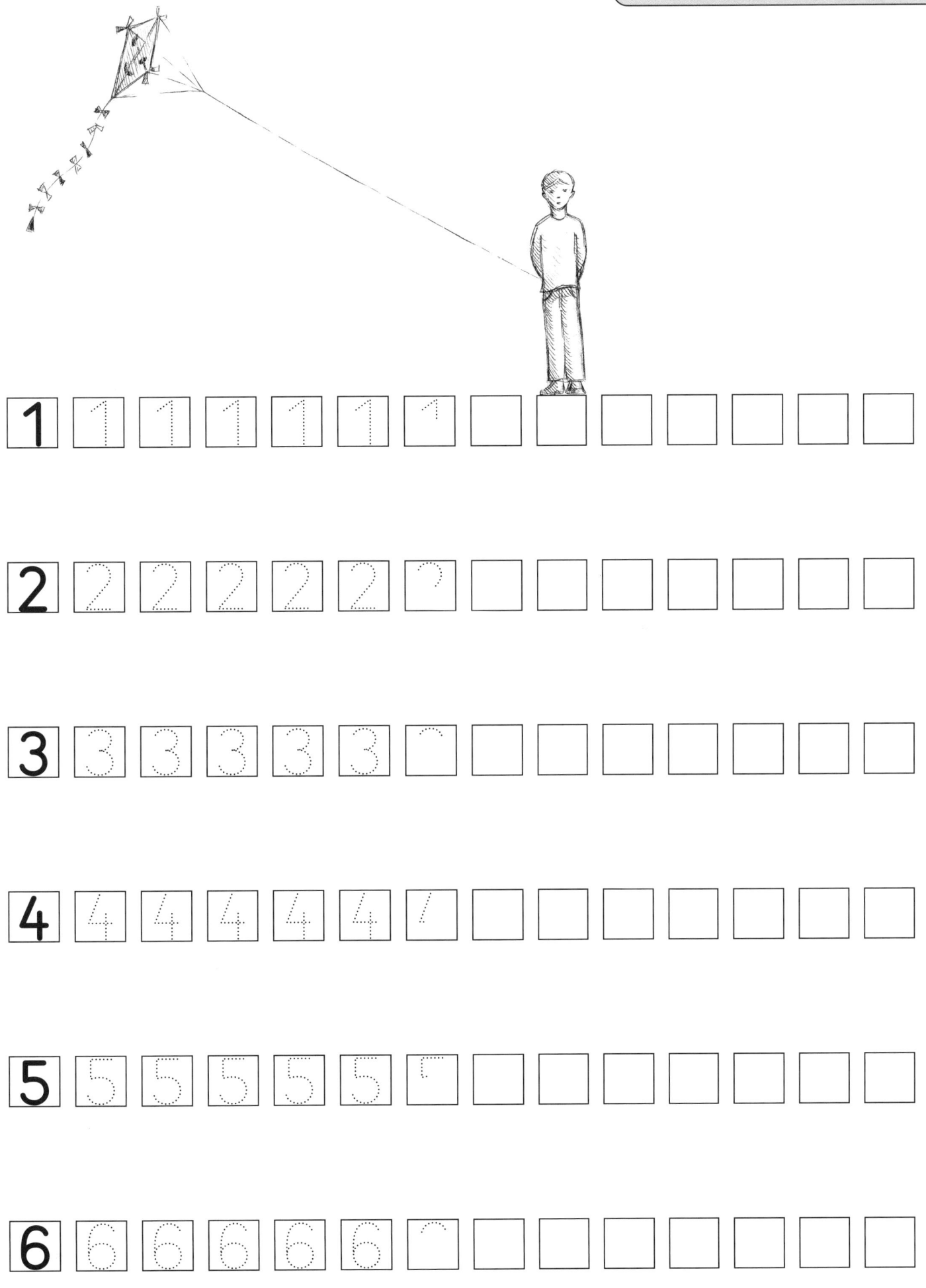

1   1 1 1 1 1 1

2   2 2 2 2 2

3   3 3 3 3 3

4   4 4 4 4 4

5   5 5 5 5 5

6   6 6 6 6 6

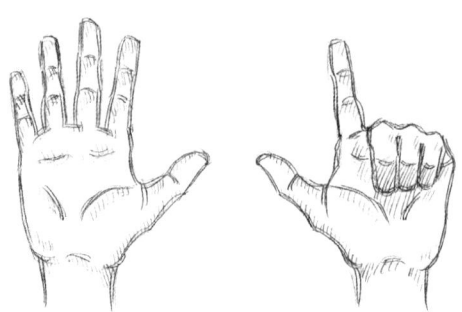

Nach rechts und schräg runter,
du wirst es lieben,
nun noch ein Strich,
das ist die Sieben!

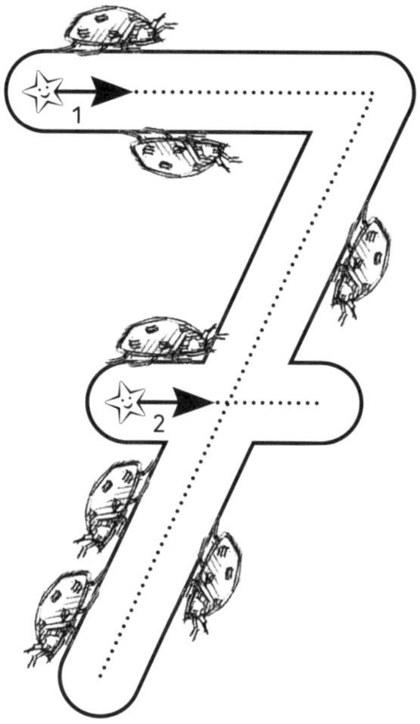

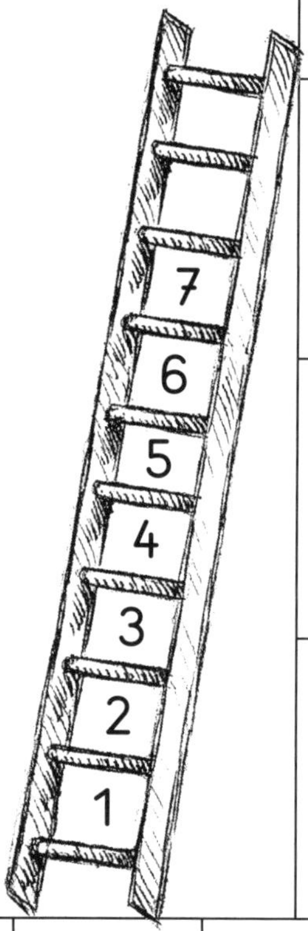

7
6
5
4
3
2
1

Ziffernschreibkurs der 7

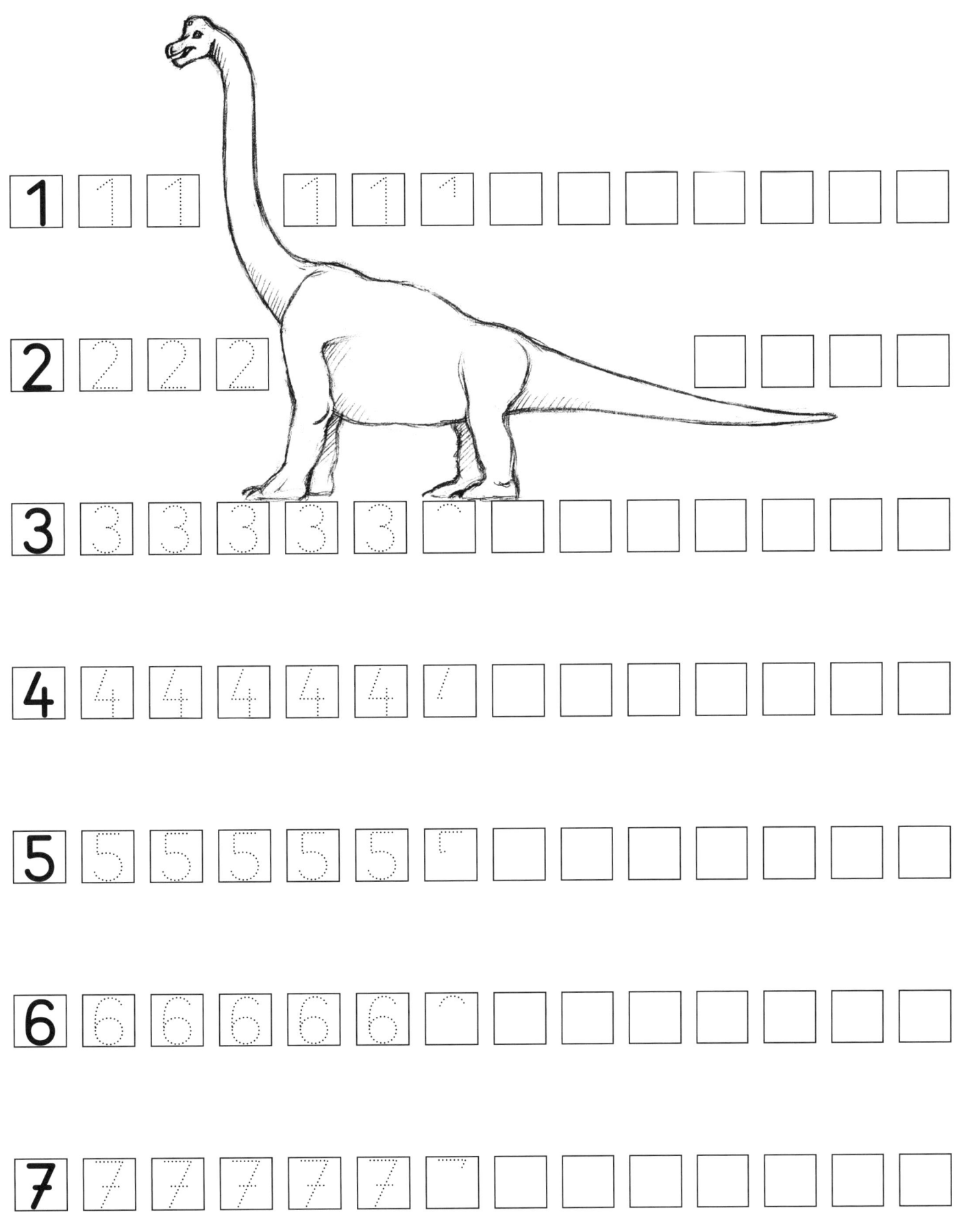

1   1   1   1   1   1

2   2   2   2

3   3   3   3   3   3

4   4   4   4   4   4

5   5   5   5   5   5

6   6   6   6   6   6

7   7   7   7   7   7

Schreibe!

Einen Bogen nach links und einen nach rechts, dann kreuze bitte genau in der Mitte!

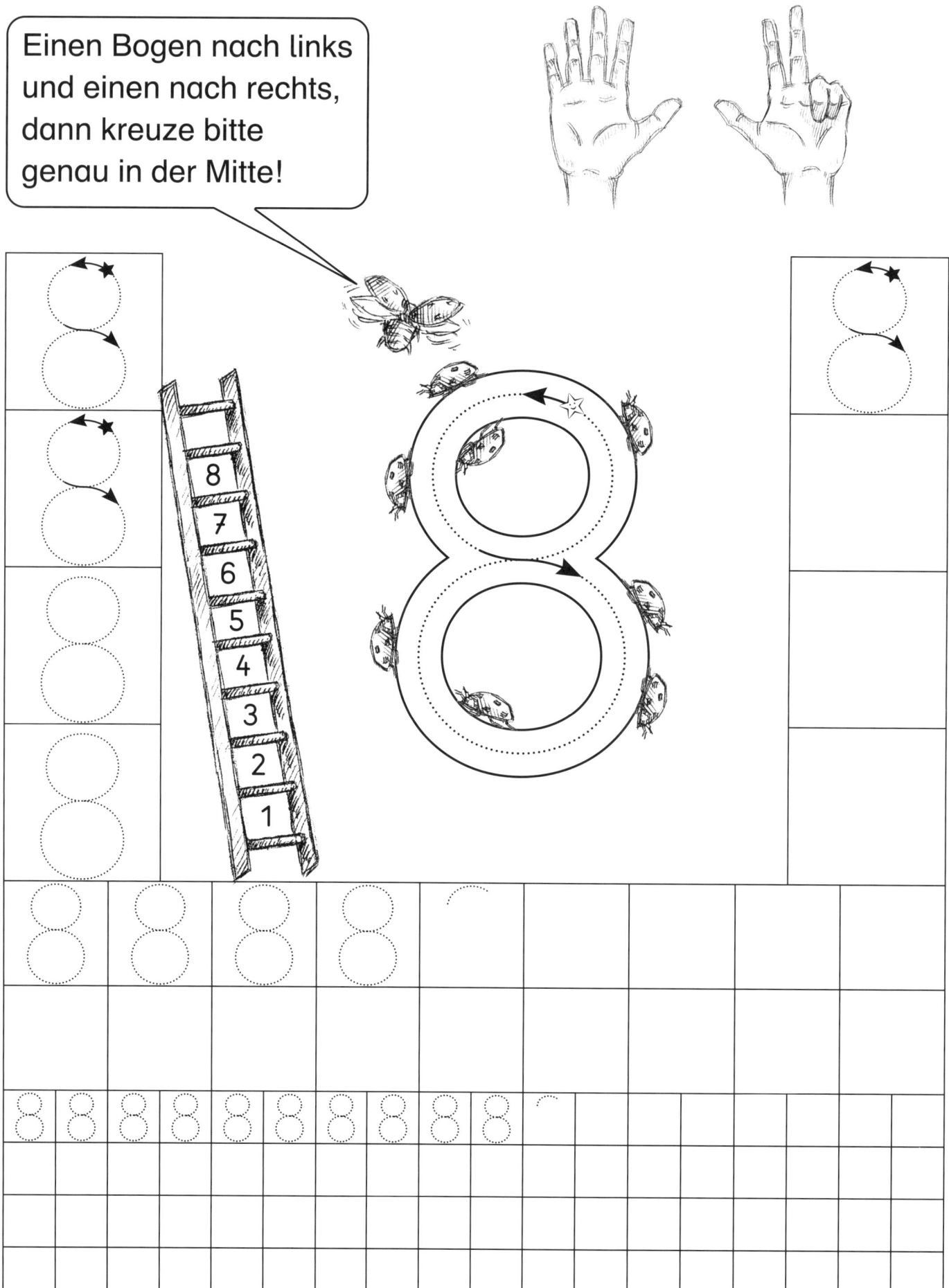

Ziffernschreibkurs der 8

1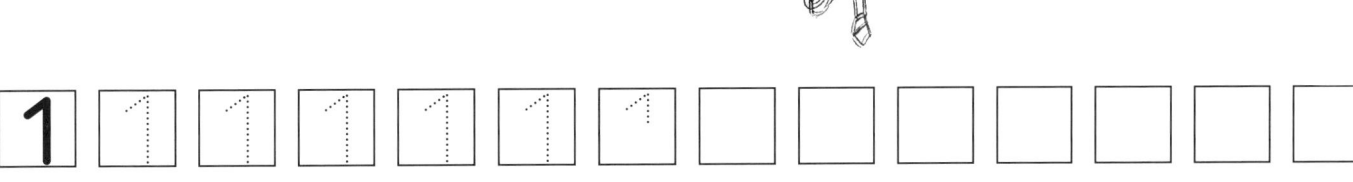

2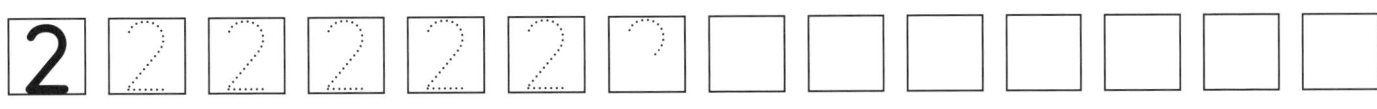

3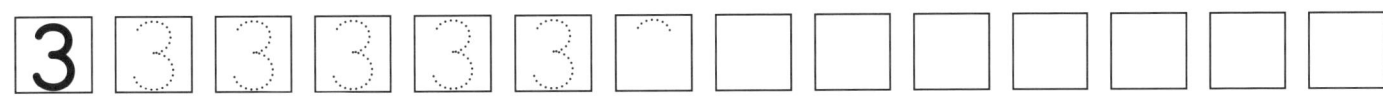

4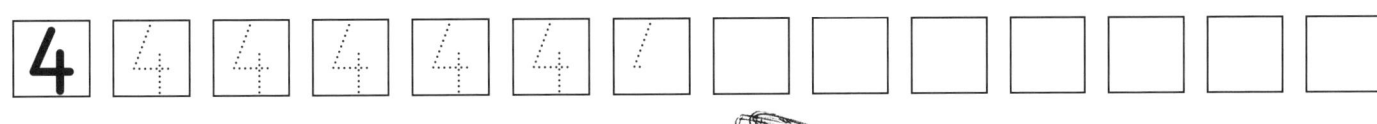

5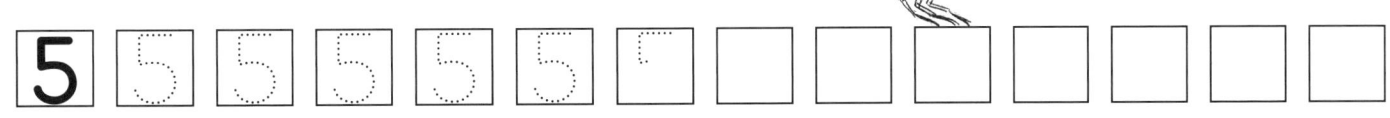

6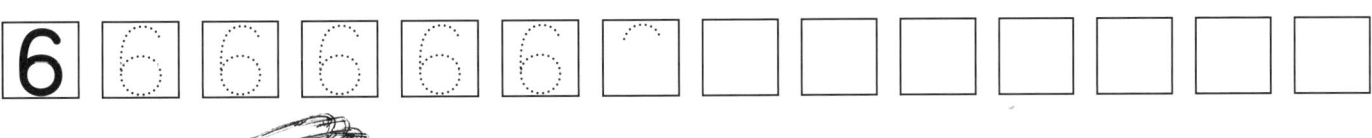

7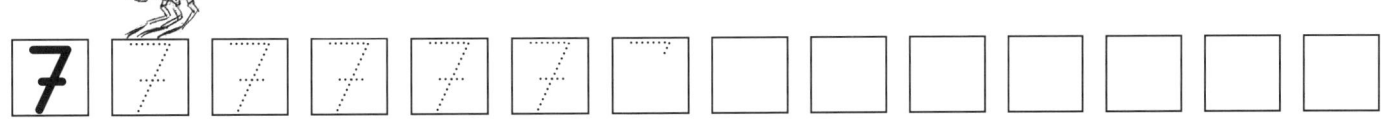

8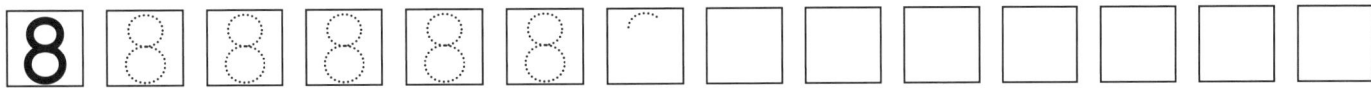

Die Zahlen von 1–8

Schreibe!

Oh, wie fein,
die Null mit einem Schaukelbein!

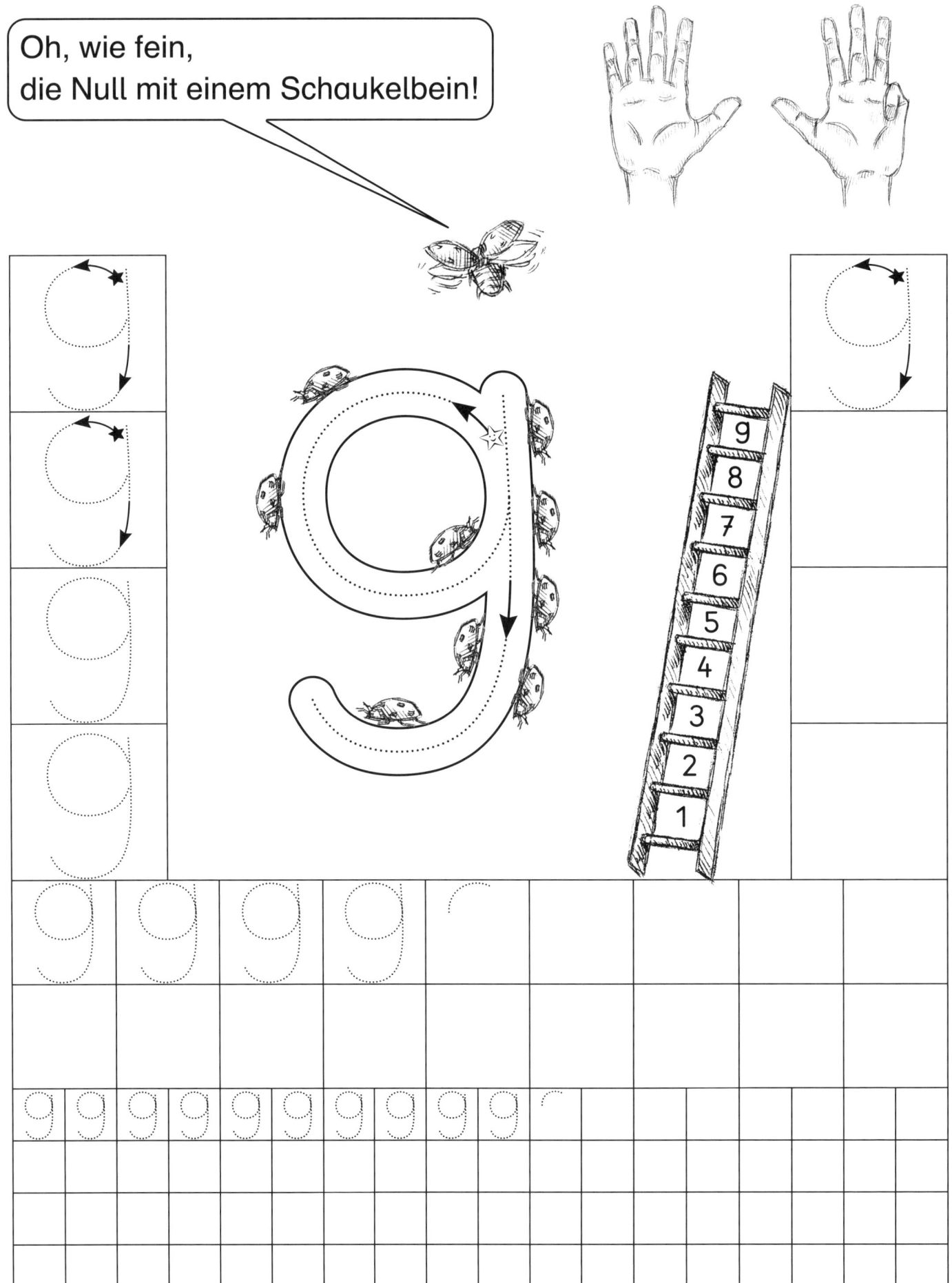

Ziffernschreibkurs der 9   © sternchenverlag GmbH

Die Zahlen von 1–9

Schreibe!

Die Zehn ist ganz leicht,
die Eins und die Null –
das reicht.

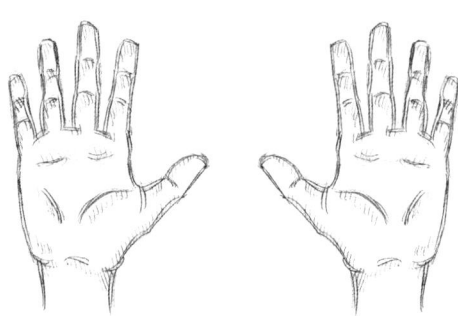

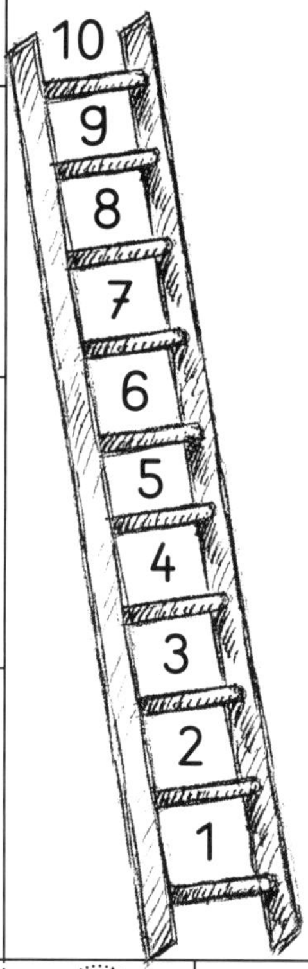

Ziffernschreibkurs der 10

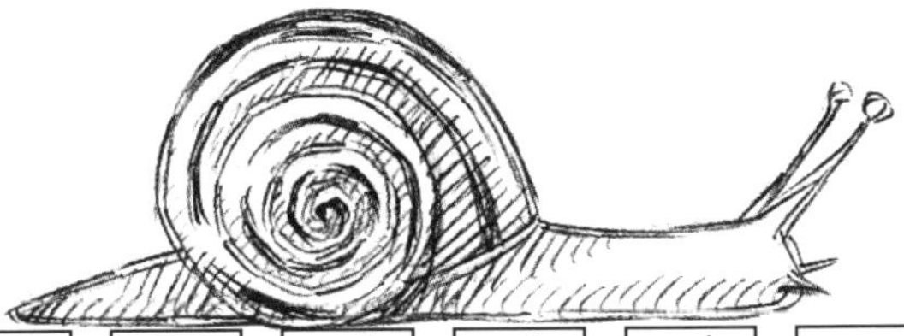

1 1 1 1 1 1 1

2 2 2 2 2 2 2

3 3 3 3 3 3 3

4 4 4 4 4 4 4

5 5 5 5 5 5 5

6 6 6 6 6 6 6

7 7 7 7 7 7 7

8 8 8 8 8 8 8

9 9 9 9 9 9 9

10 10 10 10 10

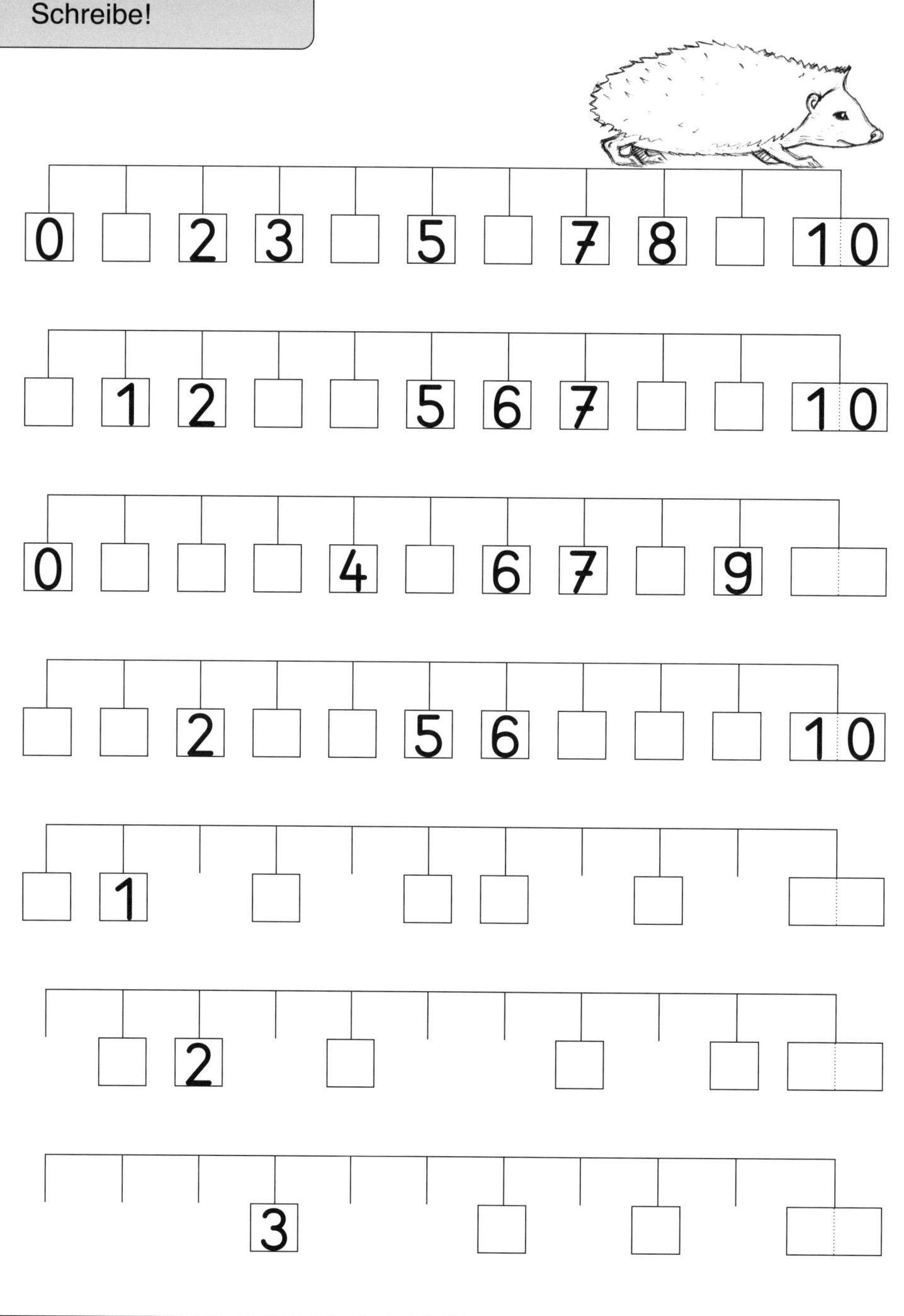

Zeile 1: 0 | | 2 | 3 | | 5 | | 7 | 8 | | 10

Zeile 2: | 1 | 2 | | | 5 | 6 | 7 | | | 10

Zeile 3: 0 | | | | 4 | | 6 | 7 | | 9 |

Zeile 4: | | 2 | | | 5 | 6 | | | | 10

Zeile 5: | 1 | | | | | | |

Zeile 6: | 2 | | | | | |

Zeile 7: | | 3 | | | |

Zahlenstrahl

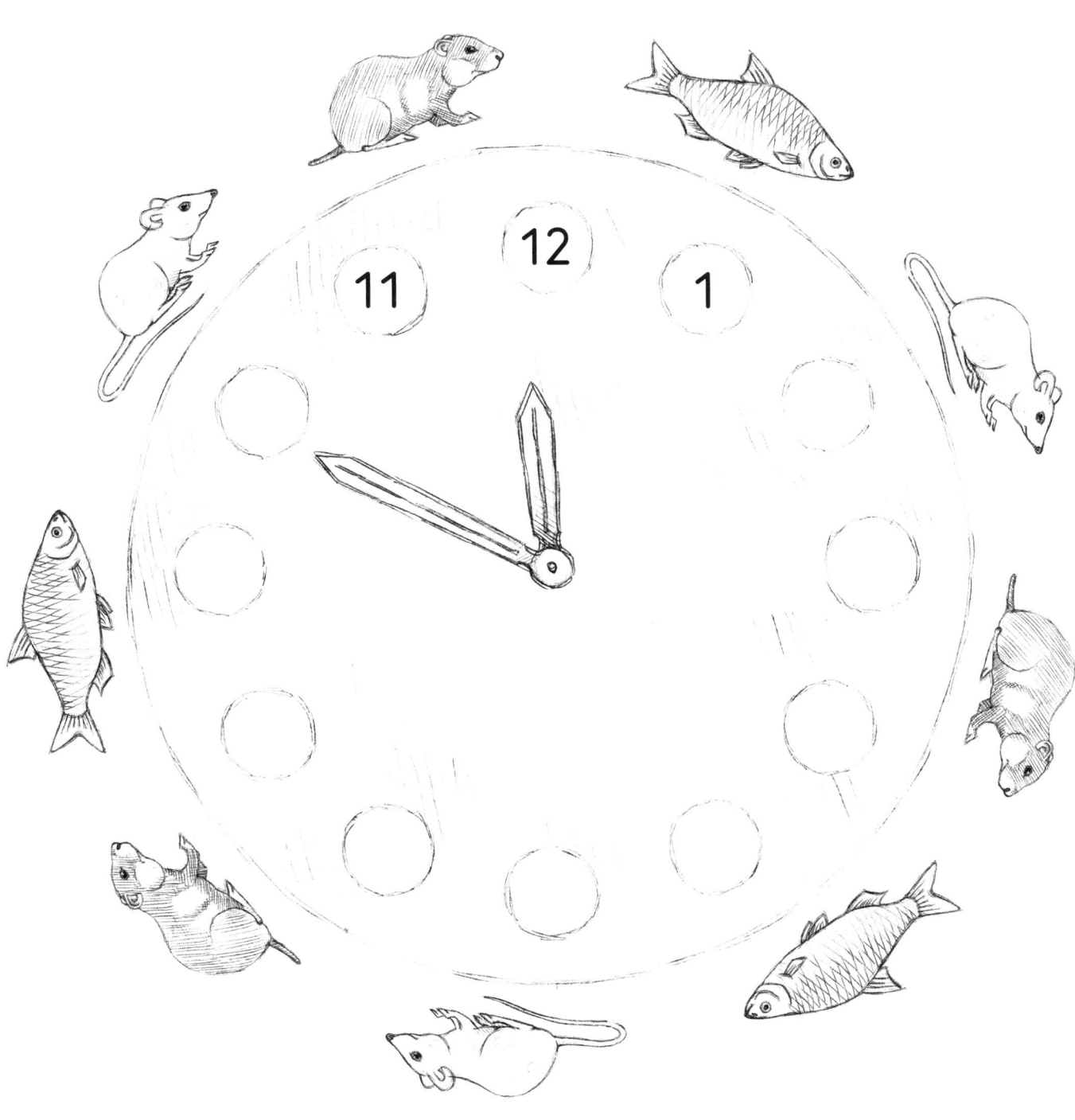

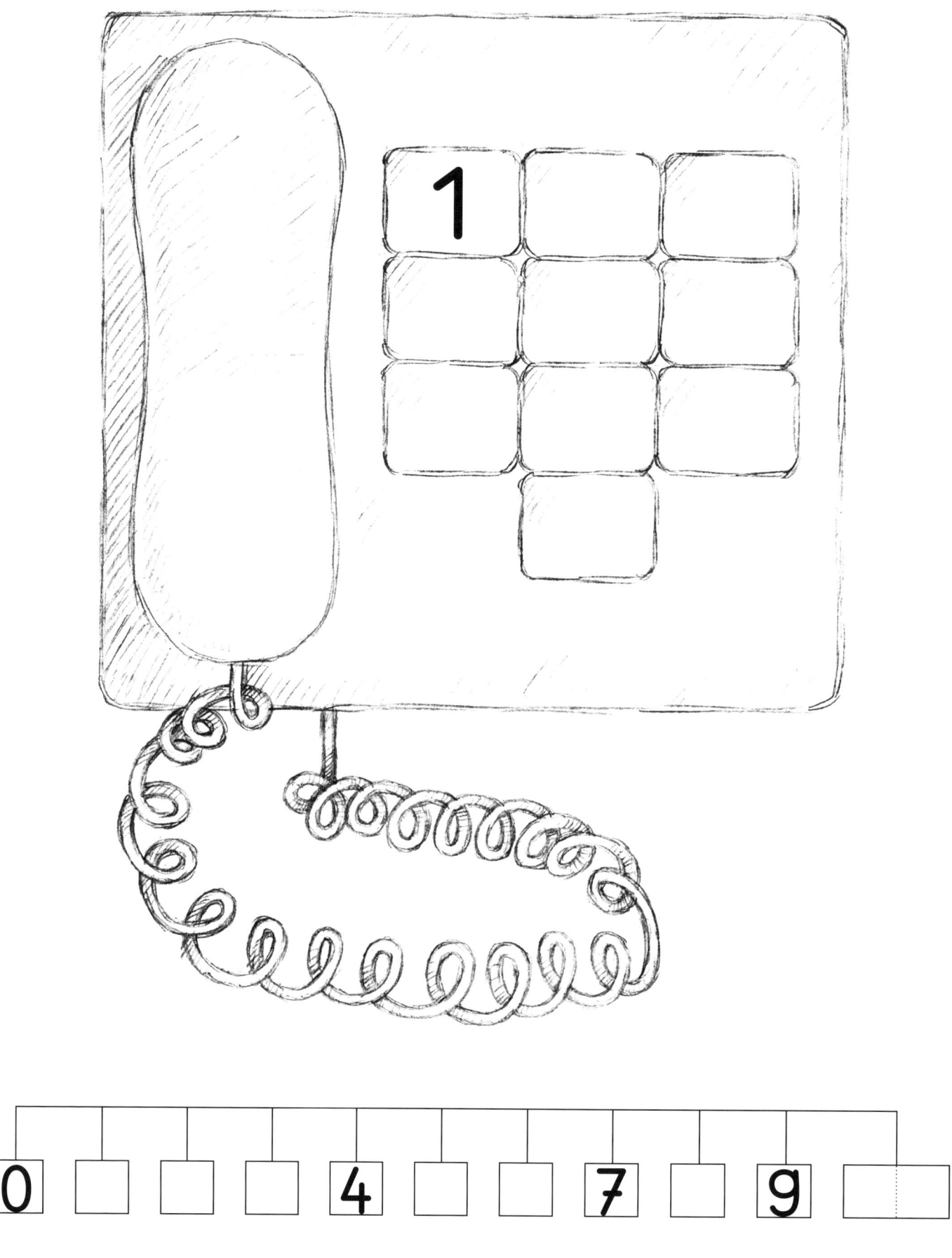

0 ☐ ☐ ☐ 4 ☐ ☐ 7 ☐ 9 ☐ ☐

Zahlen in der Umwelt

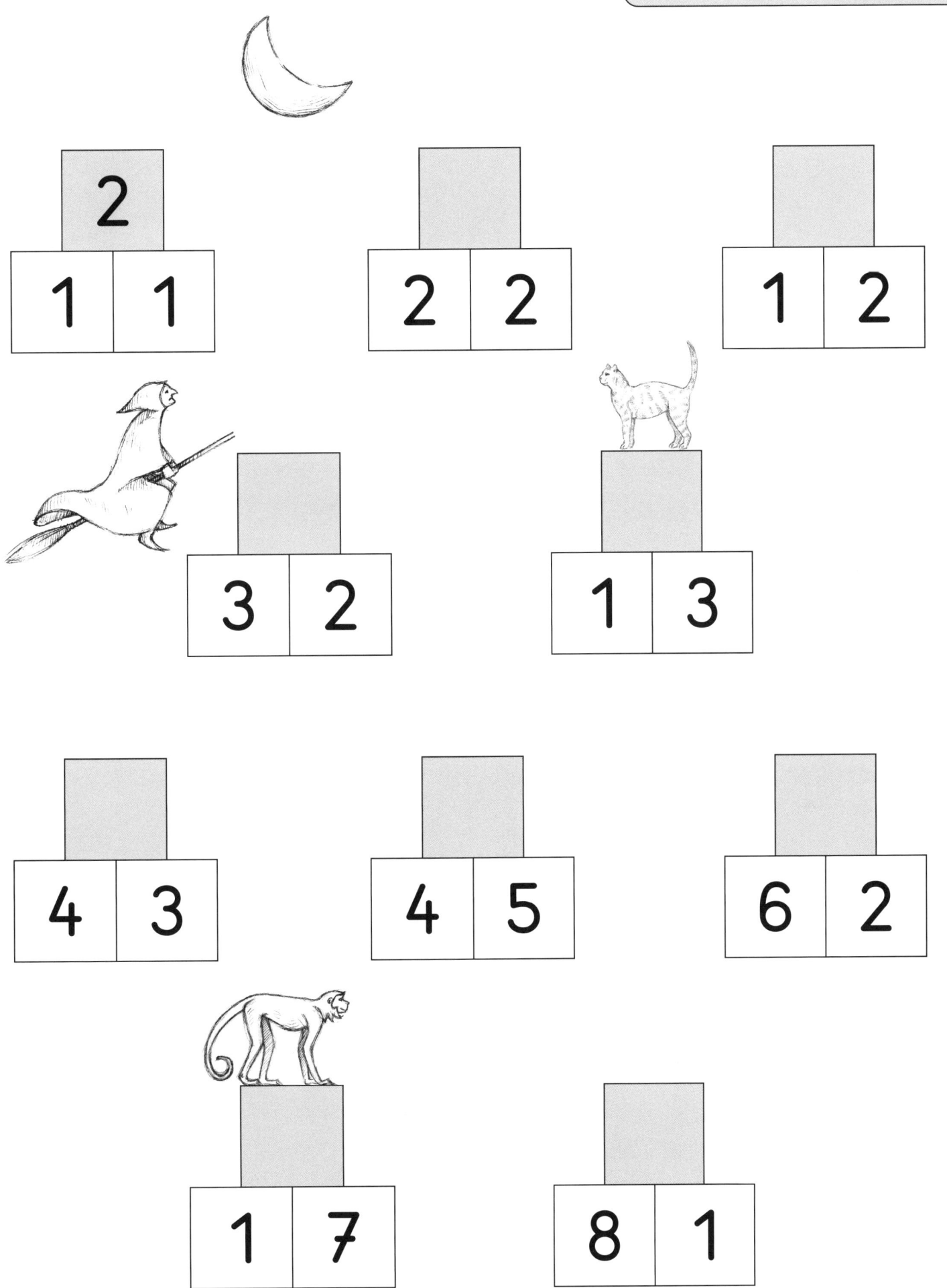

Vorgänger / Nachfolger / Nachbarzahlen

| 2 | 3 | 4 |

| 6 | 7 | |

| | 6 | |

| | | 9 |

| | 4 | |

| | 5 | |

| 0 | | |

| | | 7 |

| 6 | | |

| | | 10 |

Rechne!

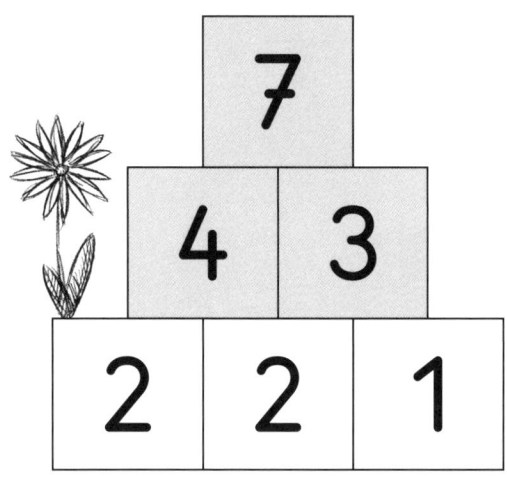

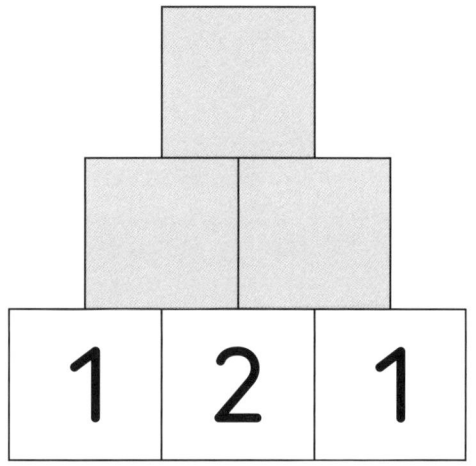

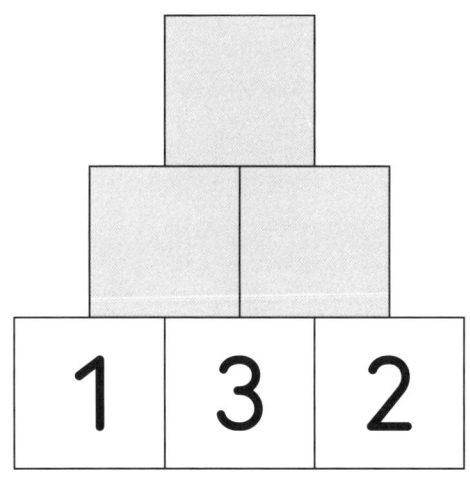

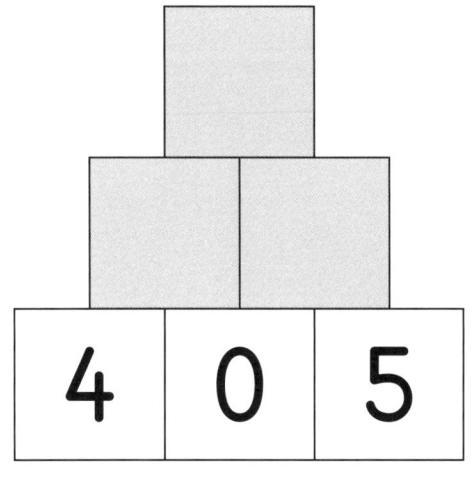

Zahlenmauern · Addition bis 10

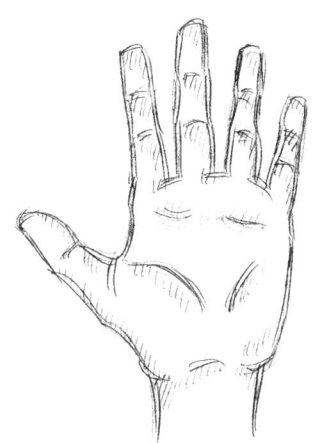

5

$\boxed{2} + \boxed{3} = \boxed{5}$

 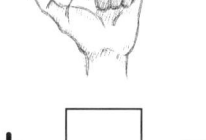

$\boxed{} + \boxed{} = \boxed{}$

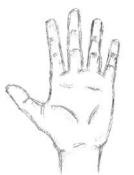 

$\boxed{} + \boxed{} = \boxed{}$

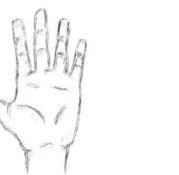 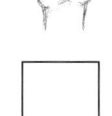 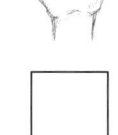   

$\boxed{} + \boxed{} = \boxed{}$

  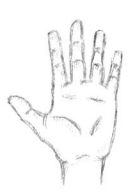 

$\boxed{} + \boxed{} = \boxed{}$

  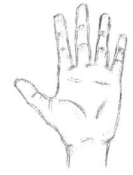

$\boxed{} + \boxed{} = \boxed{}$

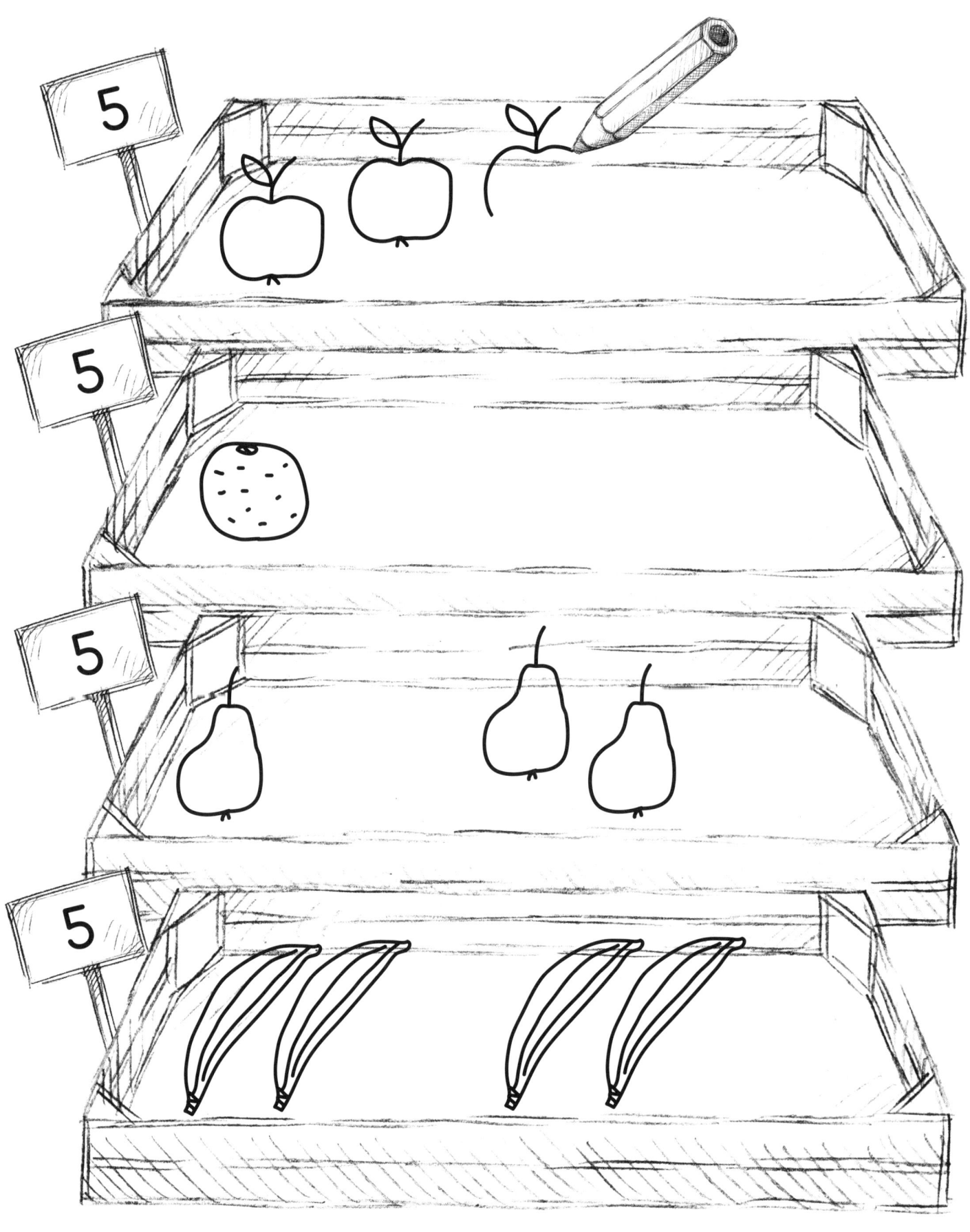

Ergänzungsaufgaben · bildliche Darstellung

 3

 ☐

 ☐

 ☐

 ☐

 ☐

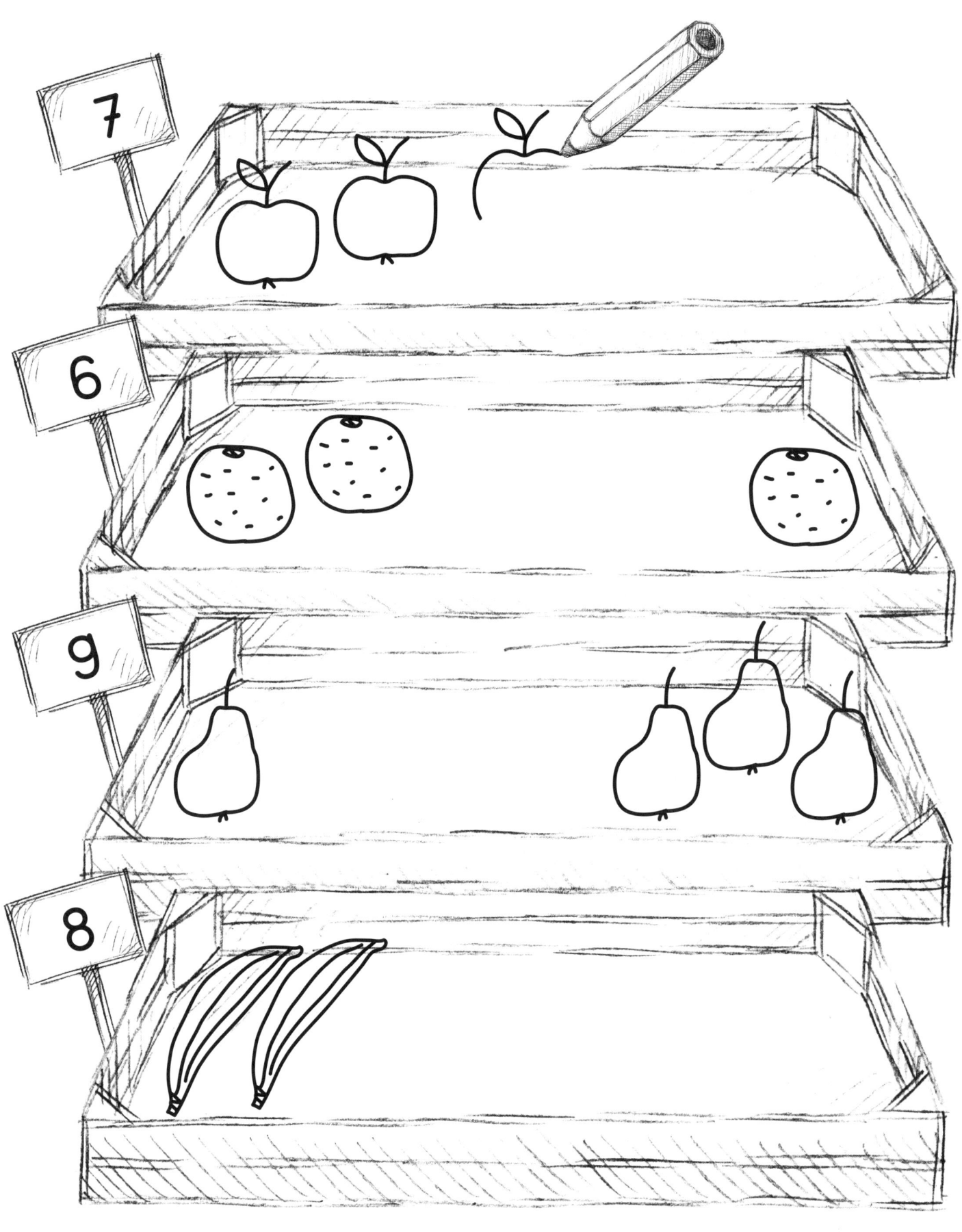

Ergänzungsaufgaben · bildliche Darstellung

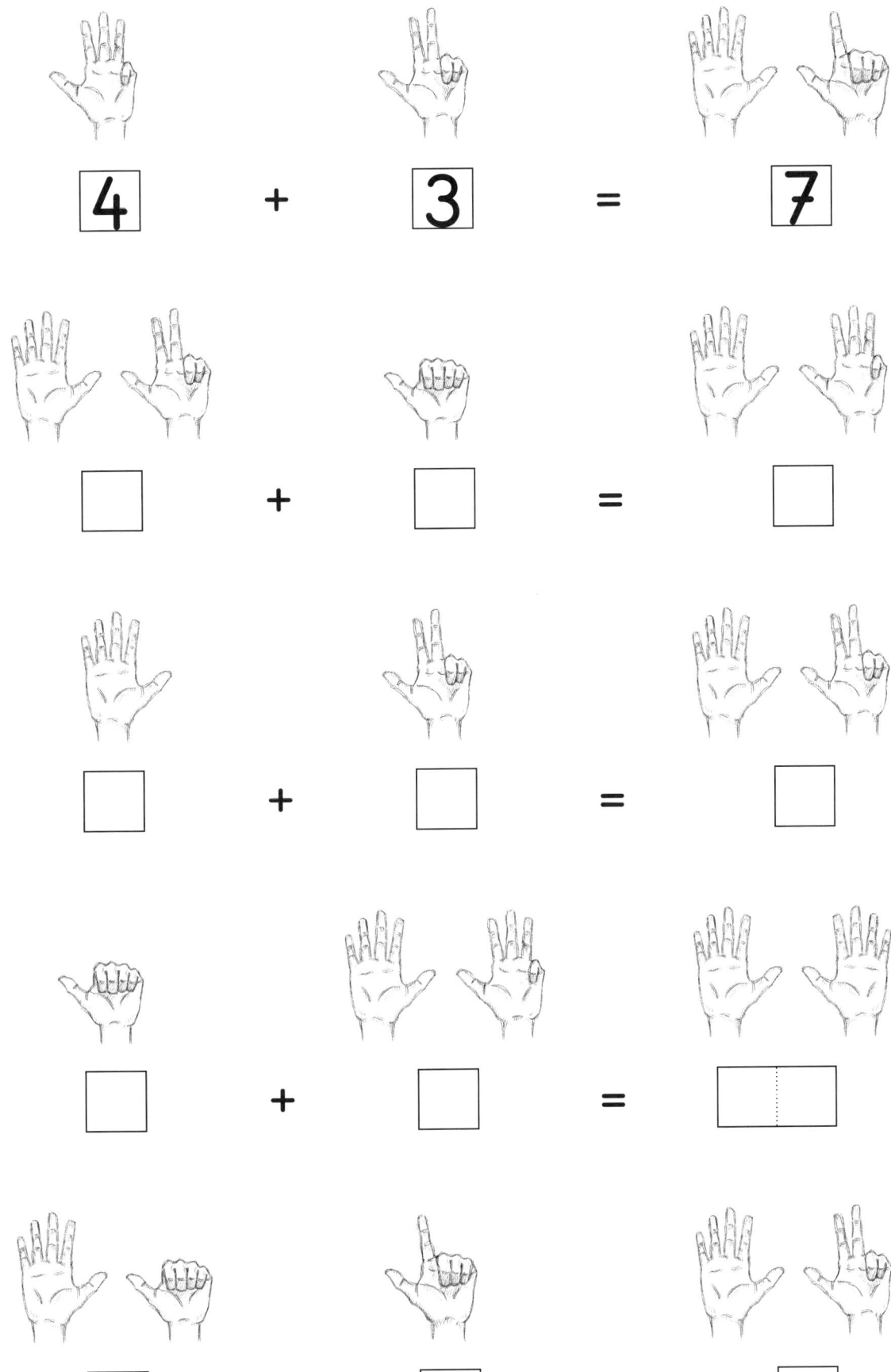

$$\boxed{4} \quad + \quad \boxed{3} \quad = \quad \boxed{7}$$

$$\Box \quad + \quad \Box \quad = \quad \Box$$

$$\Box \quad + \quad \Box \quad = \quad \Box$$

$$\Box \quad + \quad \Box \quad = \quad \Box$$

$$\Box \quad + \quad \Box \quad = \quad \Box$$

$4 + 3 = 7$  $5 + 5 = \boxed{}$

$2 + 3 = \square$ $2 + 4 = \square$

$1 + 0 = \square$ 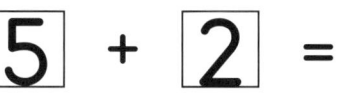 $5 + 2 = \square$

$2 + 8 = \boxed{}$  $1 + 6 = \square$

$9 + 1 = \boxed{}$  $4 + 4 = \square$

$5 + 3 = \square$  $0 + 8 = \square$

$2 + 2 = \square$ 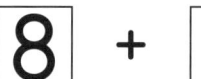 $8 + 1 = \square$

$10 + 0 = \boxed{}$  $7 + 3 = \boxed{}$

$2 + 7 = \square$   $5 + 4 = \square$

$6 + 3 = \square$  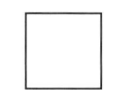 $1 + 2 = \square$

$7 + 1 = \square$ $2 + 6 = \square$

$4 + 6 = \boxed{}$ $3 + 3 = \square$

Additionsaufgaben bis 10

10 Eier

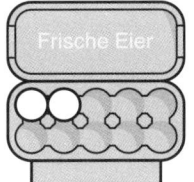

2 + ☐ = 10

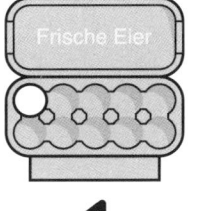

1 + ☐ = 10

5 + ☐ = 10

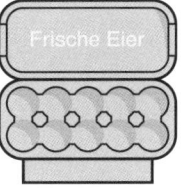

0 + ☐ = 10

9 + ☐ = 10

7 + ☐ = 10

6 + ☐ = 10

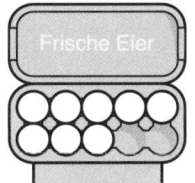

8 + ☐ = 10

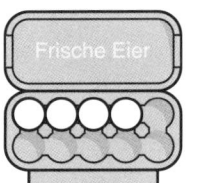

4 + ☐ = 10

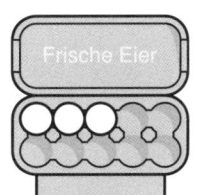

3 + ☐ = 10

Ergänze!

10	10	10

1 +	7 +	+ 6
7 +	+ 9	10 +
3 +	2 +	+ 3
9 +	+ 10	2 +
2 +	1 +	+ 7
4 +	+ 3	0 +
0 +	5 +	+ 4
5 +	+ 0	1 +
8 +	4 +	+ 8

Ergänzungsaufgaben bis 10

3 + 4 = 7
4 + 3 = 7

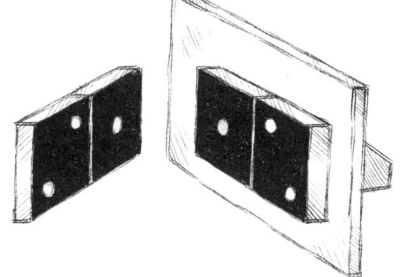

2 + 1 = ☐
1 + 2 = ☐

2 + 5 = ☐
5 + 2 = ☐

6 + 3 = ☐
3 + 6 = ☐

7 + 2 = ☐
2 + 7 = ☐

4 + 2 = ☐
2 + 4 = ☐

3 + 5 = ☐
5 + 3 = ☐

8 + 0 = ☐
0 + 8 = ☐

1 + 8 = ☐
☐ + ☐ = ☐

7 + 3 = ☐
☐ + ☐ = ☐

2 + 3 = ☐
☐ + ☐ = ☐

2 + 6 = ☐
☐ + ☐ = ☐

+	1	2	3	4	5
1	2	3			

+	3	5	1	4	2
2					

+	4	2	3	5	1
3					

+	1	3	5	2	4
4					

+	5	1	2	4	3
5					

Additionsaufgaben in Tabellenform

$4 + 3 = 7$  $\qquad 3 + \square = 5$

$2 + \square = 2 \qquad 2 + \square = 4$

$1 + \square = 1 \qquad 3 + \square = 6$

$0 + \square = 8 \qquad 1 + \square = 6$

$1 + \square = 9 \qquad 4 + \square = 10$

$5 + \square = 5 \qquad 2 + \square = 8$

$2 + \square = 3 \qquad 1 + \square = 8$

$2 + \square = 6 \qquad 2 + \square = 5$

$2 + \square = 7 \qquad 4 + \square = 5$

$3 + \square = 7 \qquad 1 + \square = 2$

$1 + \square = 7 \qquad 10 + \square = 10$

$4 + \square = 6 \qquad 3 + \square = 10$

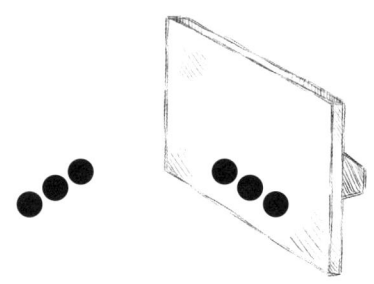

$\boxed{3}$ + $\boxed{3}$ = $\boxed{6}$

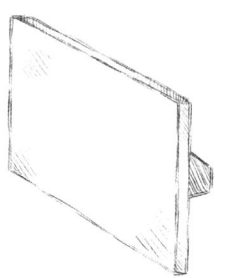

$\boxed{0}$ + $\boxed{}$ = $\boxed{}$

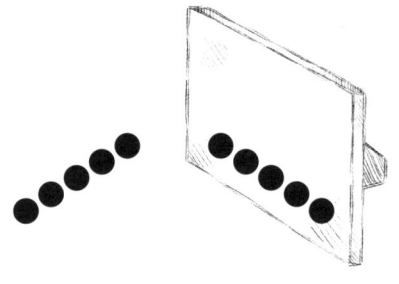

$\boxed{}$ + $\boxed{}$ = $\boxed{}$

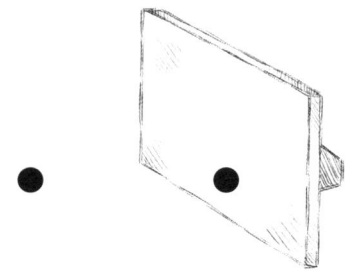

$\boxed{}$ + $\boxed{}$ = $\boxed{}$

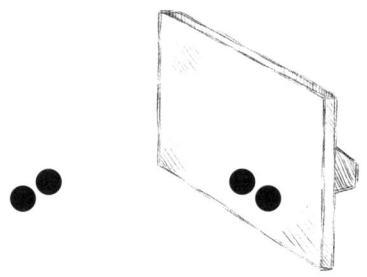

$\boxed{}$ + $\boxed{}$ = $\boxed{}$

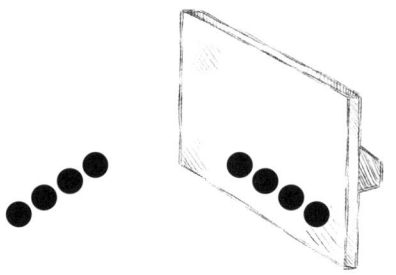

$\boxed{}$ + $\boxed{}$ = $\boxed{}$

Das Doppelte

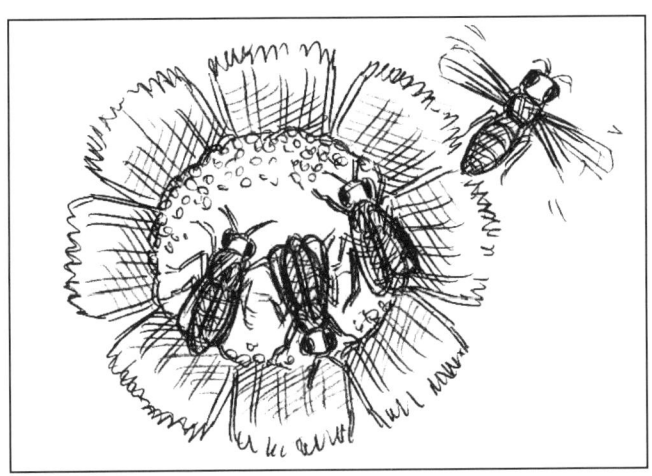

$4 - 1 = 3$

$9 - \boxed{} = \boxed{}$

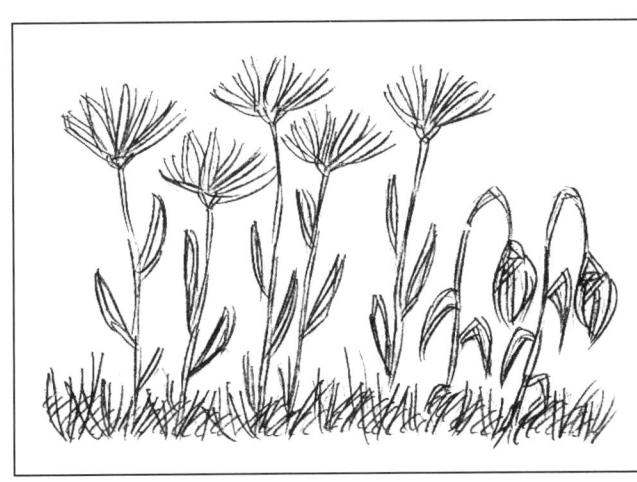

$\boxed{} - \boxed{} = \boxed{}$

$\boxed{} - \boxed{} = \boxed{}$

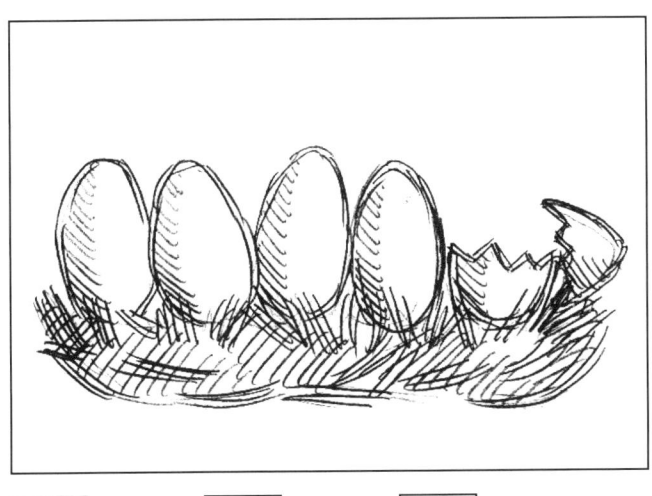

$\boxed{} - \boxed{} = \boxed{}$

$\boxed{} - \boxed{} = \boxed{}$

$\boxed{} - \boxed{} = \boxed{}$

$\boxed{} - \boxed{} = \boxed{}$

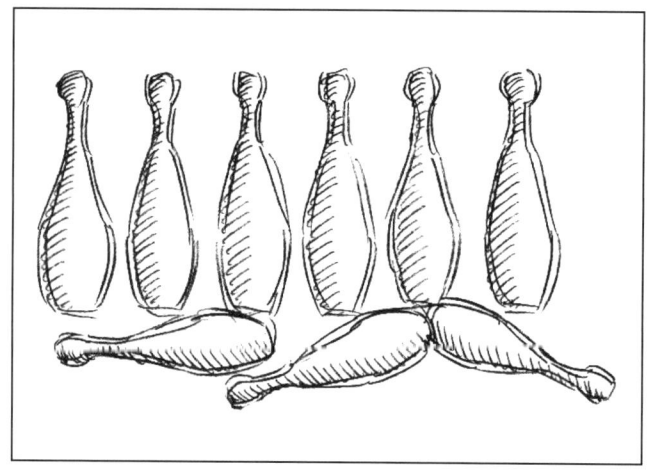
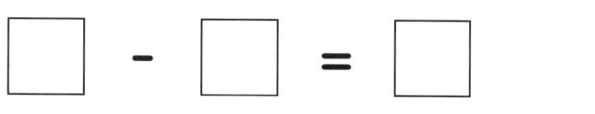

$\boxed{} - \boxed{} = \boxed{}$

$\boxed{} - \boxed{} = \boxed{}$

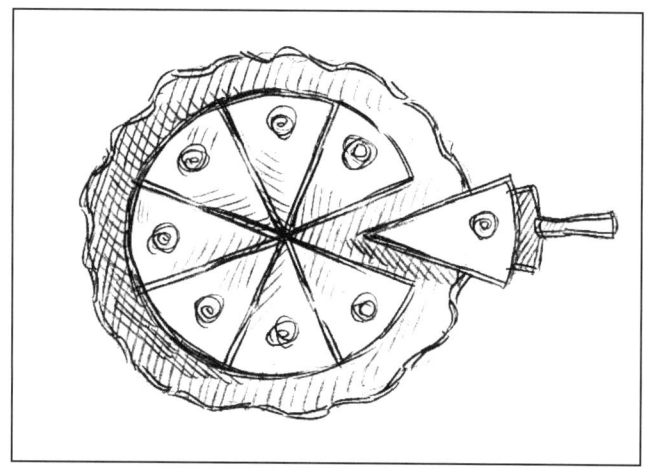

$\boxed{} - \boxed{} = \boxed{}$

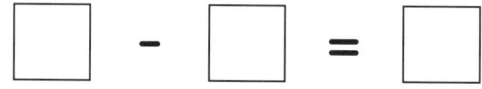

$\boxed{} - \boxed{} = \boxed{}$

$3 - 2 = 1$

$6 - \square = \square$

$\square - \square = \square$

$\square - \square = \square$

$\square - \square = \square$

$\square - \square = \square$

$\square - \square = \square$

$\square - \square = \square$

$\square - \square = \square$

$\square - \square = \square$

$\square - \square = \square$

$\square - \square = \square$

Rechne!

-oOOOOOo-

6 - 1 = 5

6 - 2 = ☐

6 - 3 = ☐

6 - 4 = ☐

6 - 5 = ☐

6 - 6 = ☐

6 - 0 = ☐

-oOOOOo-

5 - 1 = ☐

5 - 2 = ☐

5 - 3 = ☐

5 - 4 = ☐

5 - 5 = ☐

5 - 0 = ☐

-oOOOOOOOOOOo-

10 - 3 = ☐

10 - 4 = ☐

10 - 5 = ☐

10 - 6 = ☐

10 - 7 = ☐

10 - 8 = ☐

10 - 9 = ☐

10 - 0 = ☐

Subtraktionsaufgaben

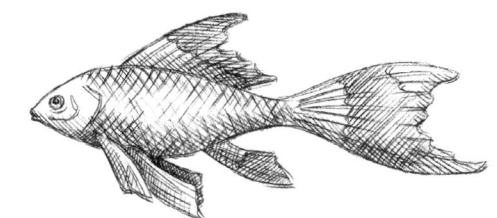

1	2	3	4	5	6	7	8	9	10
11	12	13	14	15	16	17	18	19	20

1	2		4		6	7		9	10
11		13	14		16		18		20

1			4			7	8		
		13			16	17			20

			4	5				9	
		13				17			

1									
									20

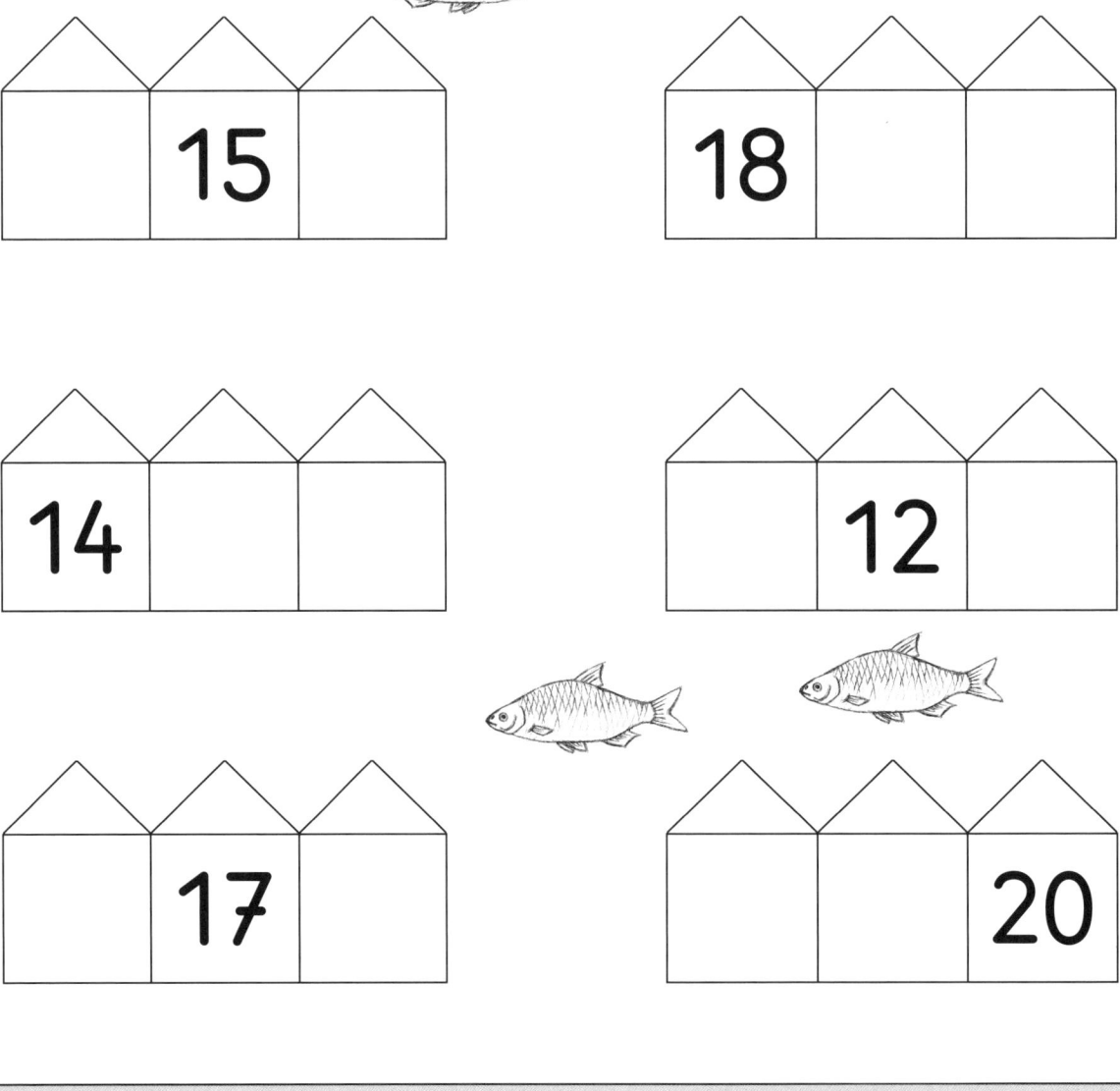

| 11 | 12 | 13 |

| | | 19 |

| | | 13 |

| | 16 | |

| | 15 | |

| 18 | | |

| 14 | | |

| | 12 | |

| | 17 | |

| | | 20 |

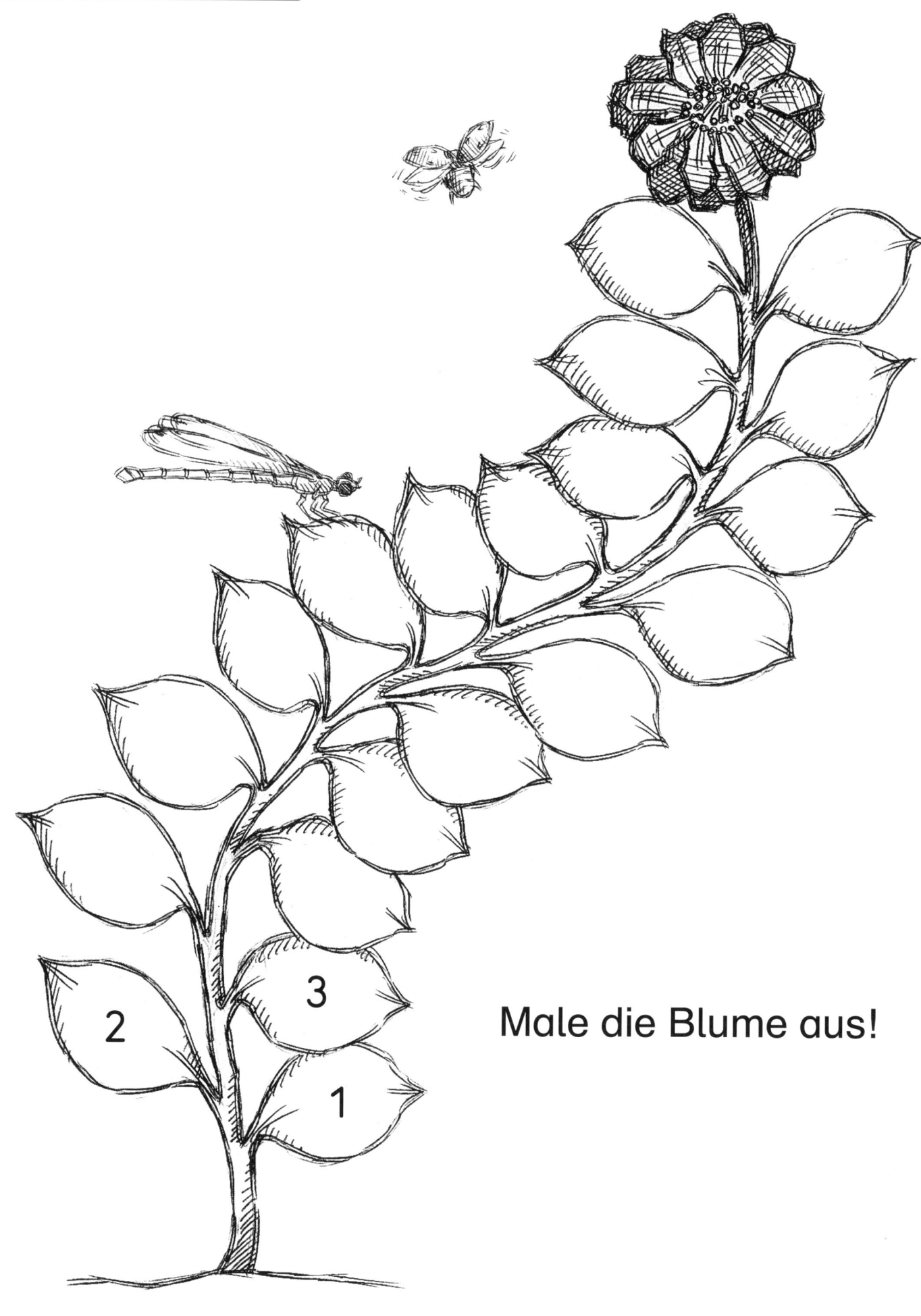

Male die Blume aus!

Die Zahlen von 1–20